Visual Guide of Asahiyama Zoo

おうちで旭山動物園

ゆっくり・じっくり・見ていたい

写真：今津秀邦
監修：旭川市旭山動物園

まあるいからだで、ゆらゆらり。
きみといっしょに泳ぎたいな。

あったかそうな毛皮のなかは
どんなふうになってるの？

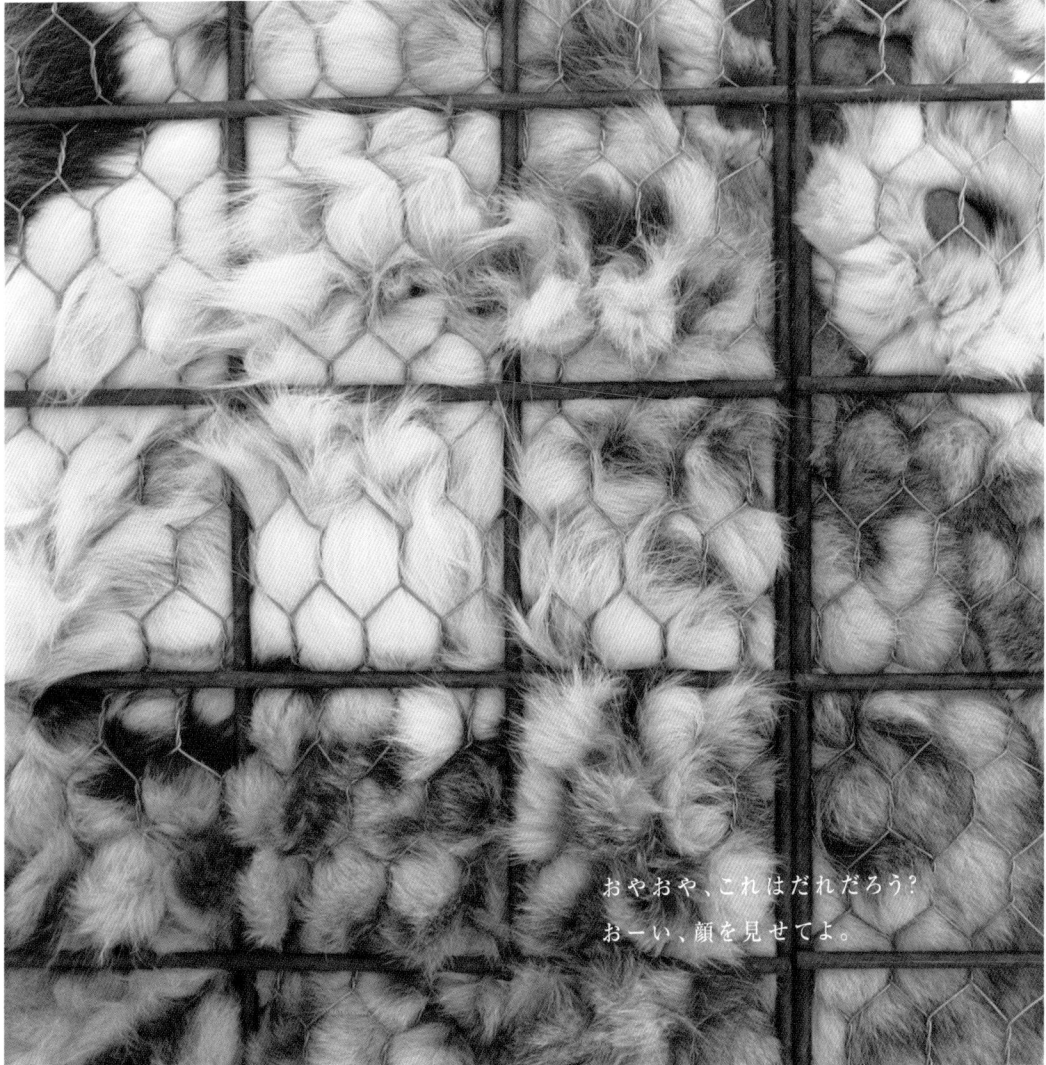

おやおや、これはだれだろう？
おーい、顔を見せてよ。

ぼくは、何でも知っている。
そう言ってるみたいに見えるんだ。

CONTENTS

- ぺんぎん館……………………10
- あざらし館……………………18
- ほっきょくぐま館……………26
- もうじゅう館…………………34
- おらんうーたん館……………40
- さる山…………………………46
- くもざる・かぴばら館………52
- さる舎…………………………58
- 総合動物舎……………………60
- シカ舎・ラクダ舎……………64
- 北海道産動物舎………………66

小動物舎……………………70
は虫類舎……………………74
ととりの村…………………76
ワシ・タカ舎………………78
キジ舎・タンチョウ舎……80
こども牧場…………………82

雪の中の動物園……………84
夜の動物園…………………86
行動展示の考え方…………88
園内マップ…………………94
アクセスガイド……………95

Penguin Aquarium

ぺんぎん館

とんだ、とんだ。どんなもんだい。

大空につばさをひろげて、思いのままにス〜イスイ。

そう、ぼくらの空は、この水の中にあるんだ。

陸ではヨチヨチ、足どりもおぼつかないけど、ぼくらには、水のつばさがある。

思いのままに泳ぎまわるすがたを水中トンネルから見てごらん。

ほ〜ら、空を飛んでいるみたいでしょ？

Penguin Aquarium

ふるさとの海をそのままに

ペンギンは、やっぱり鳥だ。透明な水中トンネルに一歩入れば、あなたはきっとそう思うでしょう。

自然の海を再現した水槽内をすいすいと"飛び"回るペンギンたち。

翼の動かし方から水かきの使い方まで、あらゆる角度から見ることができるのは、水中トンネルならでは。

地上ではヨチヨチ歩きの彼らも、水の中では一流のアスリートのようです。

協力して子育て

水中トンネルを抜けて階段を上ると、そこはペンギンたちの部屋。屋外とつながっているこの部屋は、巣作りの場でもあります。オスとメスとが交代で卵を温めるのが、ペンギン流の子育て。そっと部屋を覗いてみてください。優しく子供の世話するお父さんとお母さんの様子が見られるかもしれません。

4種類のペンギンたち

中央広間の天井にはペンギンのオブジェ、床にはペンギンをはじめとする動物の分布図が描かれています。また、陸上からは、目が赤いイワトビペンギンや、産毛に覆われたキングペンギンのヒナなど4種類のペンギンを間近で見ることができます。

イワトビペンギン

- ■学名／*Eudyptes chrysocome*
- ■英名／Rockhopper Penguin
- ■分類／鳥綱（ペンギン目）ペンギン科

全長約45〜58cm、体重は約2.5〜3.5kgです。生息地はフォークランド諸島や南極付近の島々。赤い目ととんがった頭が攻撃的なペンギンに見えますが、意外にも人なつっこいペンギンです。

フンボルトペンギン

- ■学名／*Spheniscus humboldti*
- ■英名／Humboldt Penguin
- ■分類／鳥綱（ペンギン目）ペンギン科

全長約65〜70cm、体重は約4kgです。生息地はペルー、チリ、エクアドル沿岸。繁殖地ではコロニーを形成し、岩の割れ目や砂に掘った穴で営巣し、抱卵、育雛は雄雌が協力して行います。

Penguin Aquarium

Penguin Aquarium

ジェンツーペンギン

- ■学名／*Pygoscelis papua*
- ■英名／Gentoo Penguin
- ■分類／鳥綱（ペンギン目）ペンギン科

全長75〜80cm、体重約6kgです。生息地はフォークランド諸島、南極半島の一部と周辺の島々。ペンギンの中では比較的大型。意外に性格は大人しく、憶病者です。

キングペンギン

- ■学名／*Aptenodytes patagonicus*
- ■英名／King Penguin
- ■分類／鳥綱（ペンギン目）ペンギン科

全長95cm、体重約8〜14kgで、コウテイペンギンにつぐ大型ペンギンです。生息地は唖南極圏の島々。別名オウサマペンギンともいい、首と胸にオレンジ色の部分があるのが特徴です。

あざらし館

ワクワク好きなら、負けないぞ。

あれ、きみはこの前も来てくれたよね。はっきりおぼえてるよ。

そうそう、マリンウェイでいっしょに遊んだよね。

ねぇ、その手に持ってるものはなぁに？　ぼくにも見せてよ。

ここにはたくさん人が来るから、毎日がワクワクして楽しいんだ。

また来てよね。だって、もうぼくらはともだちなんだから。

Seal Aquarium

三次元ワールド「マリンウェイ」

水深100mの深さまで潜ることができるアザラシ。

その得意技を発揮できるように作られたのが、床から天井まで伸びる円柱水槽、マリンウェイです。

大人のアザラシ2頭が十分にすれ違える直径1.5mのマリンウェイの中を上へ下へと自由自在に泳ぎます。

好奇心旺盛なアザラシは、集まっている人間に興味津々。

途中で止まって挨拶をしてくれることもしばしばです。

オホーツク海と北海道の漁港をイメージ

館内には、アザラシと同じ北方の海を故郷に持つ魚たちの水槽も設置。マリンウェイにつながる1階の大水槽には、オホーツク海の岩肌を模した疑岩がレイアウトされ、アザラシたちもリラックスムードです。北海道の漁港をイメージして係留されている海豹丸は、格好の休憩場。くつろぐアザラシのそばには、ウミネコやクラゲの姿も見られます。

Seal Aquarium

ゴマフアザラシ

■学名／*Phoca largha*　　■英名／Spotted seal　　■分類／哺乳綱（鰭脚目）アザラシ科

全長約170cm（♂）、体重約100kgです。
北方の海、オホーツク海、黄海から渤海にかけてベーリング海等に生息し、
北海道には2〜4月頃にやってきます。
10cm近くもある皮下脂肪と密集した毛で冷たい北の海でもへっちゃらです。
水中では鼻を閉じて泳ぎ、約40分間も息を止めて推進100mの深さまで潜ることができます。
流氷の上で出産をします。

ほっきょくぐま館

泳ぐの大好き！ どう、見直した？

えへん。おいらの泳ぎ、見てくれたかな。なかなか、かっこいいだろ。

水中で長い毛がなびいて、じゅうたんみたいだって？

おいおい、おいらのこと、甘く見てもらっちゃ困るぜ。

足も速いし、力も強いし、どうだい、この足の大きいこと。

えっ？　ぬいぐるみみたいでかわいい？　う〜ん…照れるなぁ。

Polar Bear Aquatic Park

Polar Bear Aquatic Park

大迫力のダイビング

ホッキョクグマの主食はアザラシ。

ホッキョクグマの目線からは、館内の観客の頭が海面に頭を出したアザラシのように見えるため、

捕まえようとして人に向かってダイビングします。

ビッグサイズの足の裏や水に揺れる毛並みも目の前に。

陸上では見ることができない、水の中のありのままのホッキョクグマの姿です。

Polar Bear Aquatic Park

アザラシ気分で大接近

アザラシの立場をもっと理解できるのが、観察用のカプセル。海上に顔を出したアザラシと同じ位置からホッキョクグマを観察することができます。ホッキョクグマが近寄ってくると、襲われるアザラシの気分になって、もうドキドキです。もし、ホッキョクグマがカプセルを叩いたとしても、強度は十分。ご心配なく。

可愛い一面が垣間見れるかも

ダイナミックな飛び込みや泳ぎを観察できる巨大プールとは別に、陸での行動を観察できるのが、この放飼場です。ごろんと腹ばいに寝そべったり、岩場をのしのしと歩き回ったり。堀を利用した檻のない空間なので、ホッキョクグマたちののびのびとした姿が見られます。

Polar Bear Aquatic Park

Polar Bear Aquatic Park

ホッキョクグマ

■学名／Ursus maritimus　　■英名／Polar Bear　　■分類／哺乳綱（食肉目）クマ科

全長約250〜300cm（♂）、体重約300〜800kg（♂）・約175〜300kg（♀）です。
生息地は北極圏の全域。
ホッキョクグマは唯一の海洋生のクマで、他種のヒグマなどに比べて首が長く、泳ぐのに適した流線型をしています。
また、足裏の肉球のすき間にも長い毛があって、低温から足をまもり、氷の上を動きやすくしています。

もうじゅう館

わがはいは、ネコ科である。

見よ、このふさふさのたてがみを。これがわがはいの自慢である。
そして、しなやかな背中、力強い足。うーむ、われながらほれぼれ。
さぁ、もっと近くで見てみなされ。ガオーッ!!
ハッハッハ、びっくりしたかな?

ライオンたちの迫力を実感

強化ガラス越しに、数センチにまで迫るライオン。ライオンをはじめ、トラやヒグマ、ヒョウなどの習性に合わせて作られたこの施設では、猛獣たちの表情や、しなやかな動きをすぐ近くで観察することができます。そして、同時に野性の荒々しさも実感。鋭い目をして悠然と歩くライオンの姿からは、まさしく百獣の王の貫禄が伝わってきます。

ライオン　■学名／*Panthera leo*　■英名／Lion　■分類／哺乳綱（食肉目）ネコ科

全長約210〜300cm（尾を含む）、体重約120〜200kgです。生息地は現在はアフリカおよびインドの一部。
ネコ科の動物の中で唯一「プライド」という母系の家族や親類の一門の群でくらし、
主にメスたちが狩りや子育てをします。

Fierce Animal Exhibit

Fierce Animal Exhibit

間近で見る野生の姿

ガラスの向こうには、巨体のアムールトラ。うなり声をあげて近づいてくると、ガラスがあると分かっていても、思わず飛びのいてしまうほどの大迫力です。手を伸ばせば届きそうな高さでくつろぐユキヒョウ。高くて風通しの良い場所を好む習性を生かすために作られた高台が大のお気に入りです。見上げると、網目からはユキヒョウのおなかの毛がのぞいています。

アムールトラ ■学名／*Panthera tigris altaica* ■英名／Siberian tiger ■分類／哺乳綱（食肉目）ネコ科

全長約260〜340cm（尾を含む）、体重約150〜250kgです。
生息地はアジアの広い地域に渡り寒冷地帯から熱帯地帯にまで及びます。
トラは狩りを行う際、茂みに隠れて、そっと近づき一気に仕留めます。

エゾヒグマ

■学名／*Ursus arctos yesoensis*
■英名／Eurasian brown bear
■分類／哺乳綱（食肉目）クマ科

頭胴長は約200〜230cm（尾を含む）。
森林に住み、夏から秋には高山帯にも出没、
子育て中の親子以外は単独生活をします。
雑食性で、根茎や果実といった植物質のものから
昆虫や、サケなどの魚類まで、実に多様なものを食べ、
冬季には主に土穴を利用して冬眠します。

ユキヒョウ

■学名／*Panthera uncia*
■英名／Snow Leopard
■分類／哺乳綱（食肉目）ネコ科

体長は約100〜130cm、
生息地は中央アジアの山岳地帯です。
寒冷地に適応したヒョウの仲間で、
黄色の瞳と、白色の被毛には気品があります。
生息地は、夏季には高さ3000m以上の
山地にすんでいます。

Fierce Animal Exhibit

ヒョウ(クロヒョウ)

- ■学名／*Panthera pardus*
- ■英名／Leopard
- ■分類／哺乳綱(食肉目)ネコ科

体長は約120〜160cm。
ヒマラヤ・インドなどの深い森林に生息し、
夜行性で寝ていることも多いく、
いつも高いところにいます。
クロヒョウは全身真っ黒と言うイメージですが、実は違い、
他のヒョウと同様に模様があります。

アムールヒョウ

- ■学名／*Panthera pardus orientalis*
- ■英名／Amur Leopard
- ■分類／哺乳綱(食肉目)ネコ科

体長は約100〜190cm。
シベリア、中国東北部、北朝鮮に生息し、
木登りが得意で、
レイヨウ・シカ・サル・ネズミ・鳥などを食糧とします。
他のヒョウの亜種と比べると大型で斑点も大きく、
とくに冬毛は長くやや明るい色です。

Orangutan Trapeze

おらんうーたん館

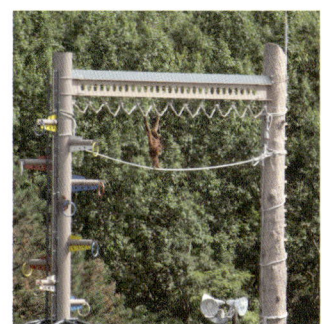

木の上で、風とお話しましょ。

どういうわけか、高いところにいると、安心するのよね。

えっ？　みんなは高いところが怖いの？　ふぅ〜ん、ざんねんだな。

木の上ではね、風がお話してくれるの。

今日のごはんの話とか、もうすぐ雨がふるよ、とか。

わたしからはどんな話をするかって？　それは、な・い・しょ。

Orangutan Trapeze

Orangutan Trapeze

能力を思う存分に発揮して

地上17ｍの高さに張られたロープを渡っていくオランウータン。その様子を心配そうに見上げている人もいますが、大丈夫、決して落ちることはありません。オランウータンは本来、樹木の上で生活する動物で、一生のうちでも地上に降りることはほとんどありません。

そして、チンパンジーのように木から木へ飛び移るのではなく、確実につかみながら、慎重に移動するという習性を持っています。そのため、オスの握力は、人間の10倍の400ｋｇ、メスでも200ｋｇという強さ。空中散歩は、オランウータンが本来の能力を存分に発揮できる場面なのです。

充実した室内設備で、冬も快適

寒さに弱いオランウータンを冬でも観察できるように作られた室内施設。地面を作らず、空間にロープを張り巡らせて、樹上生活者としての能力が発揮できるように工夫されています。オランウータンと観客との間にはオリやガラスはなく、濠があるだけ。3.5mの近さから、その生活ぶりに触れることができます。

Orangutan Trapeze

Orangutan Trapeze

ボルネオオランウータン

■学名／*Pongo pygmaeus pygmaeus*　■英名／Orang-utan　■分類／哺乳綱（霊長目）ヒト科

全長約140cm（♂）・約110cm（♀）、体重約60〜90kg（♂）・約40〜50kg（♀）です。
生息地は東南アジアのカリマンタン（ボルネオ）の熱帯雨林です。
大型の類人猿で、生活のほとんどを樹上ですごし、握力の強い手とたくましい腕をつかって、木から木へ移動し、果物ややわらかい木の葉を常食とし、ときにはごく小さな哺乳類を食べることもあります。
最近では密猟や生息地の破壊により、絶滅の危機にさらされています。

Macaque Mountain

さる山

ぽかぽか夕日が、きもちいいね。

おひさまが西の方にかたむいて、あたりがオレンジ色にかがやきだすと、

ちょっぴりさびしいような、おうちが恋しくなるような、

なんだか変なきぶんになるのは、どうしてかな。

それでも背中がぽかぽかあったかくて、いつまでもこうしていたい———。

そんなやさしいひとときが、ぼくらはとっても好きなんだ。

Macaque Mountain

工夫いっぱいのオリジナル「さる山」

寄り添う家族。子供を抱きしめる母ザル。さる山では、様々な愛情あふれる場面に出会うことができます。

野生のニホンザル同様に時間をかけてエサ探しができるようにと設置されたのが、「ガチャガチャブーラン」。

棒を動かすと箱の中のエサが落ちてくる仕掛けです。

箱の下に長時間、陣取るサルもいて、見ていて飽きることがありません。

食べる姿から動物の習性を観察できる「もぐもぐタイム」では、飼育員が観察窓にハチミツをペタリ。

一生懸命にハチミツをなめるサルたちの鋭い犬歯や手の平、指紋まではっきり見ることができます。

Macaque Mountain

ニホンザル

■学名／*Macaca fuscata*　　■英名／Japanese macaque　　■分類／哺乳綱（霊長目）オナガザル科

全長約60〜70cm、体重約10〜18kg。生息地は北海道や佐渡島など離島をのぞく日本全土です。
ニホンザルは世界で一番北に生息しているサルです。雪の中でも生活できるので「奇跡のサル」とも呼ばれています。
サルは一日中エサを探している動物です。また、サルの群の中では順位（個体間の優劣関係）があります。

Spider Monkey/
Capybara Exhibit

くもざる・かぴばら館

ふしぎな関係、だけど…。

にこにこして近づいてきたと思ったら、いたずらをして逃げていく。
それって、わたしのことが好きなのかな、きらいなのかな。
いっしょにいるとめんどうで、はなれていると気になって。
気がつくと、アイツのことを考えてるの。
ねぇ、これってあなたはどう思う?

不思議で円満な共同生活

第5の手足とも言われるシッポを器用に操って移動するクモザルと、
泳ぎが得意な世界最大のネズミ、カピバラ。
南米出身の両者が一つの空間に住み分けています。
室内には、クモザルのための空中散歩用のロープと、
カピバラのためのプールを設置。
クモザルとカピバラがお互いの力量や特性を理解し合いながら、
共同生活を送っています。

Spider Monkey/Capybara Exhibit

Spider Monkey / Capybara Exhibit

ジェフロイクモザル

■学名／*Ateles geoffroyi*　　■英名／Black-handed Spider Monkey　　■分類／哺乳綱（霊長目）オマキザル科

体長は約38〜49.5cm（♂）・約34〜52cm（♀）。体重はオス・メス共に約7.5kgです。
メキシコからパナマ西部に至る中央アメリカに生息しています。
別名「アカクモザル」と言い、細くて長いひじょうに器用な手足が特徴です。
また、手の親指は退化し、指が4本しかありません。
そのため、4本の指をフックのように使って木にひっかけ移動します。

Spider Monkey/Capybara Exhibit

カピバラ

■学名／*Hydrochaeris hydrochaeris*　　■英名／Capybara　　■分類／哺乳網（げっ歯目）カピバラ科

体長約100cm、体重約45kg。南アメリカの河岸や湖岸に生息しています。
哺乳類で最も種の数が多いげっ歯目のなかで、カピバラは最大の種です。
年に3回も出産をするものもいて、水生、陸生、あるいは地下の巣穴にすむなど、さまざまな環境に生息します。
主に、つがいや家族で生活します。

Monkey Exhibit

サル舎

個性的な面々が勢ぞろい

アフリカや東南アジアなど海外出身のサルたち。原始的なワオキツネザルから類人猿のシロテナガザルまで個性的な面々を見ることができます。

ブラッザグエノン
- 学名／*Cercopithecus neglectus*　■英名／De Brazza's Monkey
- 分類／哺乳綱（霊長目）オナガザル科

アビシニアコロブス
- 学名／*Colobus guereza*　■英名／Eastern black-and-white colobus
- 分類／哺乳綱（霊長目）オナガザル科

シロテテナガザル
- 学名／*Hylobates lar*　■英名／Lar Gibbon, White-handed Gibbon
- 分類／哺乳綱（霊長目）オナガザル科

チンパンジー
- 学名／*Pan troglodytes*　■英名／Common Chimpanzee
- 分類／サル目（霊長目）ショウジョウ科

ワオキツネザル
- 学名／*Lemur catte*　■英名／Ring-tailed Lemur
- 分類／哺乳綱サル目（霊長目）キツネザル科

General Animal Exhibit

総合動物舎

かわいいよって、言ってくれる?

だぁれ、あたしのこと、しわしわのおばあちゃんだなんて言ってるのは。
年をとってみえるかもしれないけど、あたし、こうみえて若いのよ。
まぁるいお耳が、かわいいでしょ?

優しいまなざしの人気者

1967年の開園当初からの施設。ゾウ、カバ、サイ、ダチョウなど大型の草食動物を飼育しています。オスとメスの二頭のカバは、開園当初からいるお年寄りですが、共に元気。2004年からは、ゾウがペリカンと同居を始め、本来の野生状況を再現しています。見ていると、一定の距離を保ちながらも仲良く暮らしている様子が分かります。大きな体に優しい目。これが、ここで暮らす動物たちの特徴です。

マルミミゾウ ■学名／*Loxodonta africana cyclotis* ■英名／Forest elephant ■分類／哺乳綱（鼻長目）ゾウ科

体高約200cm、体重約2000kg（♀）。中央アフリカ、西アフリカの森林に生息地しています。
マルミミゾウという名前の通り、丸い耳が特徴です。
耳には音を聴くだけでなく、威嚇のために、耳を広げ自分を大きくみせます。

カバ

- 学名／*Hippopotamus amphibius*
- 英名／Hippopotamus
- 分類／哺乳綱（偶蹄目）カバ科

全長約350〜400cm、体重約1600〜3200kg（♂）・1400〜2000kg（♀）です。アフリカ（中央部・南部・西部・東部）に生息しています。

ミナミシロサイ

- 学名／*Ceratotherium simum*
- 英名／White Rhinoceros
- 分類／哺乳綱（奇蹄目）サイ科

体長約300〜450cm。生息地はアフリカ東部・南アフリカ。成獣では体重が2トンをこえるシロサイは、ゾウやカバにつぐ大型の哺乳類です。

General Animal Exhibit

General Animal Exhibit

ダチョウ

- 学名／*Truthio camelus*
- 英名／Ostrich
- 分類／鳥綱（ダチョウ目）ダチョウ科

頭頂までの高さ約250cm、体重約150kg。
生息地はアフリカの半砂漠、サバンナ地帯。ダチョウなど、飛べなくて陸上を走る鳥の仲間を走鳥類と呼びます。

エミュー

- 学名／*Dromaius novaehollandiae*
- 英名／Emu
- 分類／鳥綱（ヒクイドリ目）エミュー科

頭頂までの高さ約180cm、体重約40〜50kgです。生息地はオーストラリアの乾燥地帯で、ダチョウに次いで世界で2番目に大きな鳥です。

Deer/Camel Exhibits

Deer / Camel Exhibits

シカ類

立派な角が自慢です

ワピチの角は、片方で10kgもある立派なもの。トナカイは、オスにもメスにも大きな角があります。どのシカの角も、毎年、春先に生え変わり、どんどん成長していきます。

エゾシカ
- 学名／*Cervus hortulorum yesoensis*
- 英名／Yezo Sika Deer
- 分類／哺乳綱（偶蹄目）シカ科

トナカイ
- 学名／*Rangifer tarandus*
- 英名／Rrindeer
- 分類／哺乳綱（偶蹄目）シカ科

ワピチ
- 学名／*Cervus canadensis*
- 英名／Wapiti
- 分類／哺乳綱（偶蹄目）シカ科

ラクダ舎

砂漠の住人ならではのアイデア

日差しの強い時には、太陽の方に顔を向けて座るフタコブラクダ。これは、体にできるだけ日を当てないための知恵なのです。

フタコブラクダ
- 学名／*Camelus bactrianus*
- 英名／Bactrian Camel
- 分類／哺乳綱（偶蹄目）シカ科

Animals of Hokkaido

Animals of Hokkaido

北海道産動物

北の大地に生きる仲間たち

エゾリス、キタキツネ、エゾタヌキ、コミミズク…

北海道を代表する動物たちが大集合。

その愛らしい表情からは想像できませんが、酷寒の中、冬眠や冬ごもりなど、

寒さを乗り切る術を持って、たくましく生きている動物たちです。

エゾタヌキ
- 学名／*Nyctereutes procyonides albus*　■英名／Raccoon Dog
- 分類／哺乳綱（食肉目）イヌ科

キタキツネ
- 学名／*Vulpes vulpes schrencki*　■英名／Schrenks Red Fox
- 分類／哺乳綱（食肉目）イヌ科

エゾリス
- 学名／*Sciurus vulgaris orientis*　■英名／Hokkaido Squirrel
- 分類／哺乳綱（げっ歯目）リス科

Animals of Hokkaido

Animals of Hokkaido

コミミズク
- 学名／*Asio flammeus* ■英名／Short-eared Owl
- 分類／鳥綱（フクロウ目）フクロウ科

ワシミミズク
- 学名／*Bubo bubo* ■英名／Eagle Owl
- 分類／鳥綱（フクロウ目）フクロウ科

訂正とお詫び

P.69「北海道産動物」の中に以下の誤りがございました。深くお詫びするとともにここに訂正いたします。

〈誤〉P.69

ミヤマカケス
- 学名／*Garrulus glandarius* ■英名／Jay
- 分類／鳥綱（スズメ目）カラス科

〈訂正〉P.69

シメ
- 学名／*Coccothraustes coccothraustes* ■英名／Hawfinch
- 分類／鳥綱（スズメ目）アトリ科

Small Animal Exhibit

小動物舎

小さくたって、パワフルだ

真っ白でつややかな冬毛が印象的なホッキョクギツネ。冬は、防寒のため、足の裏まで白い毛で覆われますが、夏になると黒と茶色の毛に生え変わり、まるで別の動物のようになります。ほかにも、純白の羽毛が美しいシロフクロウや、太いシッポが特徴のレッサーパンダなど個性派が揃っています。

レッサーパンダ
- 学名／*Ailurus fulgens*
- 英名／Lesser Panda
- 分類／哺乳綱（食肉目）アライグマ科

アフリカタテガミヤマアラシ
- 学名／*Hystrix cristata*
- 英名／African crested porcupine
- 分類／哺乳綱（げっ歯目）ヤマアラシ科

ホッキョクギツネ
- 学名／*Alopex lagopus*
- 英名／Arctic Fox, PoLar Fox, Blue Fox
- 分類／哺乳綱（食肉目）イヌ科

Small Animal Exhibit

Small Animal Exhibit

ウンピョウ
- 学名／*Neofelis nebulosa* ■英名／clouded leopard
- 分類／哺乳綱（食肉目）ネコ科

シロフクロウ
- 学名／*Nyctea scandiasa* ■英名／Snowy Owl
- 分類／鳥綱（フクロウ目）フクロウ科

Reptile Exhibit

は虫類舎

北国の中の熱帯

熱帯の雰囲気が漂う室内展示場で、カメ類やヘビ類などを飼育。夏期には、北海道で見られるは虫類を展示しています。

ボールニシキヘビ
- 学名／*Python regius*　■英名／Ball Python
- 分類／は虫綱（有鱗目）ヘビ亜目ボア科

アオダイショウ
- 学名／*Elaphe climacophora*　■英名／Japanese rat snake
- 分類／は虫綱（有鱗目）ヘビ亜目ナミヘビ科

ホシガメ
- 学名／*Geochelone elegans*　■英名／Star Tortoise
- 分類／は虫綱（カメ目）リクガメ科

ミシシッピーアリゲーター
- 学名／*Alligator mississippiensis*　■英名／American Alligator
- 分類／は虫綱（ワニ目）アリゲーター科

オマキトカゲ
- 学名／*Corucia zebrata*　■英名／Tree Skinks
- 分類／は虫綱（有鱗目）トカゲ亜目トカゲ科

Aviary

ととりの村

20種類以上の鳥が住む村

施設全体が大きく網で囲まれているので、鳥が生き生きと飛び回ることができます。その様子は施設内の散策路から観察できます。

マガモ
- 学名／*Anas platyrhynchos*
- 英名／Mallard
- 分類／鳥綱（ガンカモ目）カモ科

マガン
- 学名／*Anser albifrons*
- 英名／White-fronted Goose
- 分類／鳥綱（ガンカモ目）カモ科

キンクロハジロ
- 学名／*Aythya fuligula*
- 英名／Tufted Duck
- 分類／鳥綱（ガンカモ目）カモ科

コクチョウ
- 学名／*Cygnus atratus*
- 英名／Black Swan
- 分類／鳥綱（ガンカモ目）カモ科

コブハクチョウ
- 学名／*Cygnus olor*
- 英名／Mute Swan
- 分類／鳥綱（ガンカモ目）カモ科

ヨーロッパフラミンゴ
- 学名／*Phoenicopterus rubber roseus*
- 英名／Greater flamingo
- 分類／鳥綱（フラミンゴ目）フラミンゴ科

ベニイロフラミンゴ
- 学名／*Phoenicopterus ruber*
- 英名／Caribbean Flamingo
- 分類／鳥綱（フラミンゴ目）フラミンゴ科

Eagle/Hawk Exhibit

ワシ・タカ舎

Eagle / Hawk Exhibit

守り、増やしていきたい勇姿

天然記念物のオジロワシやオオワシ、国内希少種のクマタカなどを飼育して、その保護と繁殖にも力を入れています。

国内希少種 クマタカ
- 学名／*Spizaetus nipalensis*　■英名／Hodgson
- 分類／鳥綱（タカ目）タカ科

天然記念物 オジロワシ
- 学名／*Haliaeetus albicilla*　■英名／White-tailed Eagle
- 分類／鳥綱（タカ目）タカ科

オオタカ
- 学名／*Accipiter gentilis*　■英名／Northern Goshawk
- 分類／鳥綱（タカ目）タカ科

Pheasant/
Japanese Crane Exhibits!!

キジ舎・タンチョウ舎

おしゃれな装い、優雅な立ち姿

美しい飾り羽を広げているのは、クジャクのオス。春先には、求愛のために羽を広げる姿がよく見かけられます。

対照的に、白と黒で身を固めたタンチョウヅルは、頭頂部の赤い色がワンポイント。そして、近くで見ると、これが羽毛ではなく、皮膚の色だということが分かります。

タンチョウヅル
- 学名／*Grus japonensis*　■英名／Japanese Crane
- 分類／鳥綱(ツル目)ツル科

インドクジャク
- 学名／*Pavo cristatus*　■英名／Japanese Crane
- 分類／鳥綱(キジ目)キジ科

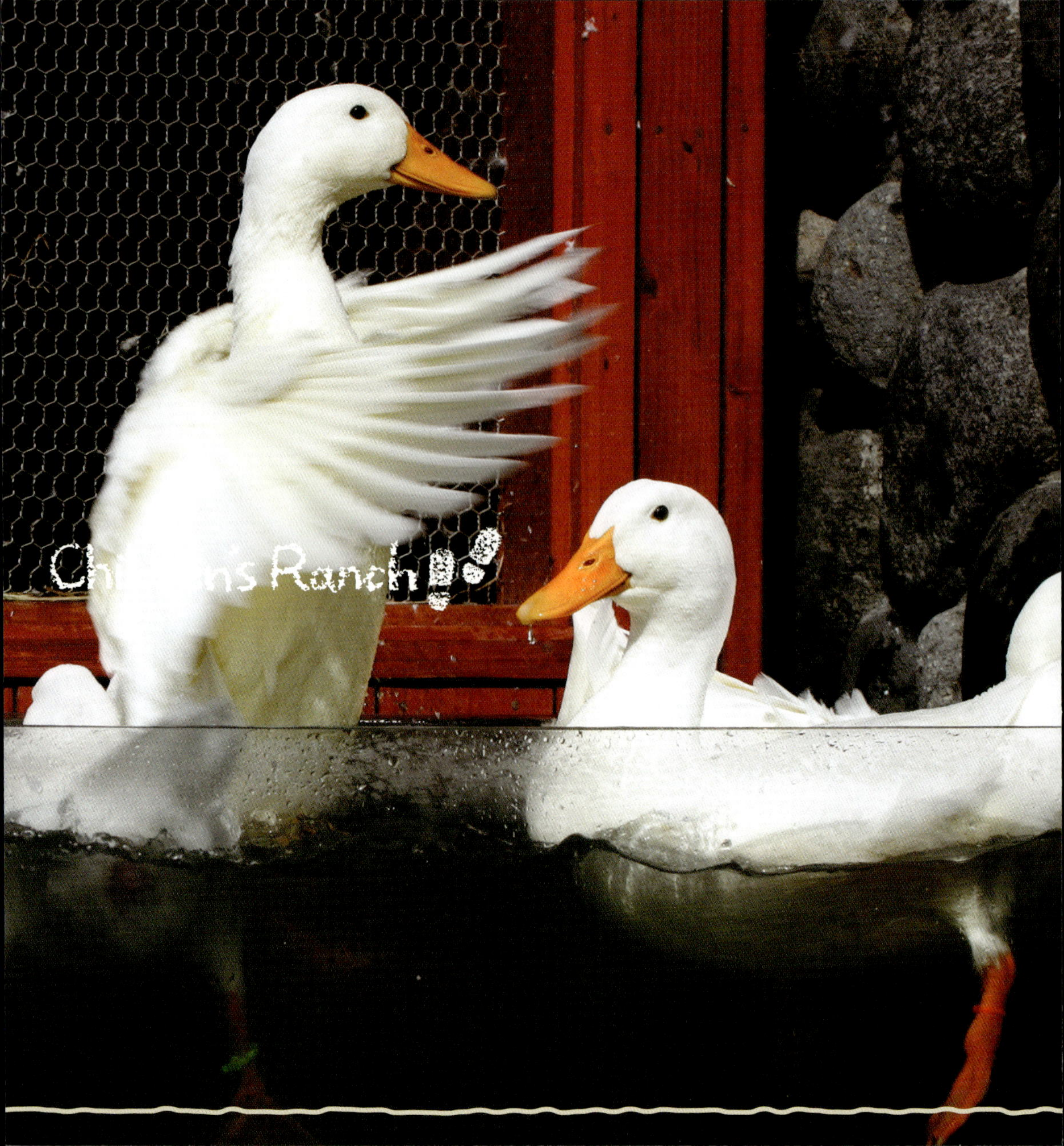
Ranch

こども牧場

動物たちの温もりに触れられる場所

柵の中に入ると、ウサギやアヒル、ヤギなどが出迎えてくれます。

子どもたちは動物たちを優しくなでたり、そっと抱いたり。

生きている命を直接感じてほしいという思いが込められた人気のスポットです。

Zoo in Winter ❅

雪の中の動物園

冬を楽しむ動物たち

日本の最北に位置する旭山動物園は、寒さ厳しい冬も開園しています。北国生まれのホッキョクグマやトラは、ノビノビと寒さを満喫しているよう。キングペンギンは行列を作って、毎日園内を散歩。運動不足解消のために行われる、冬期開園中の恒例行事です。

Zoo at Night ★

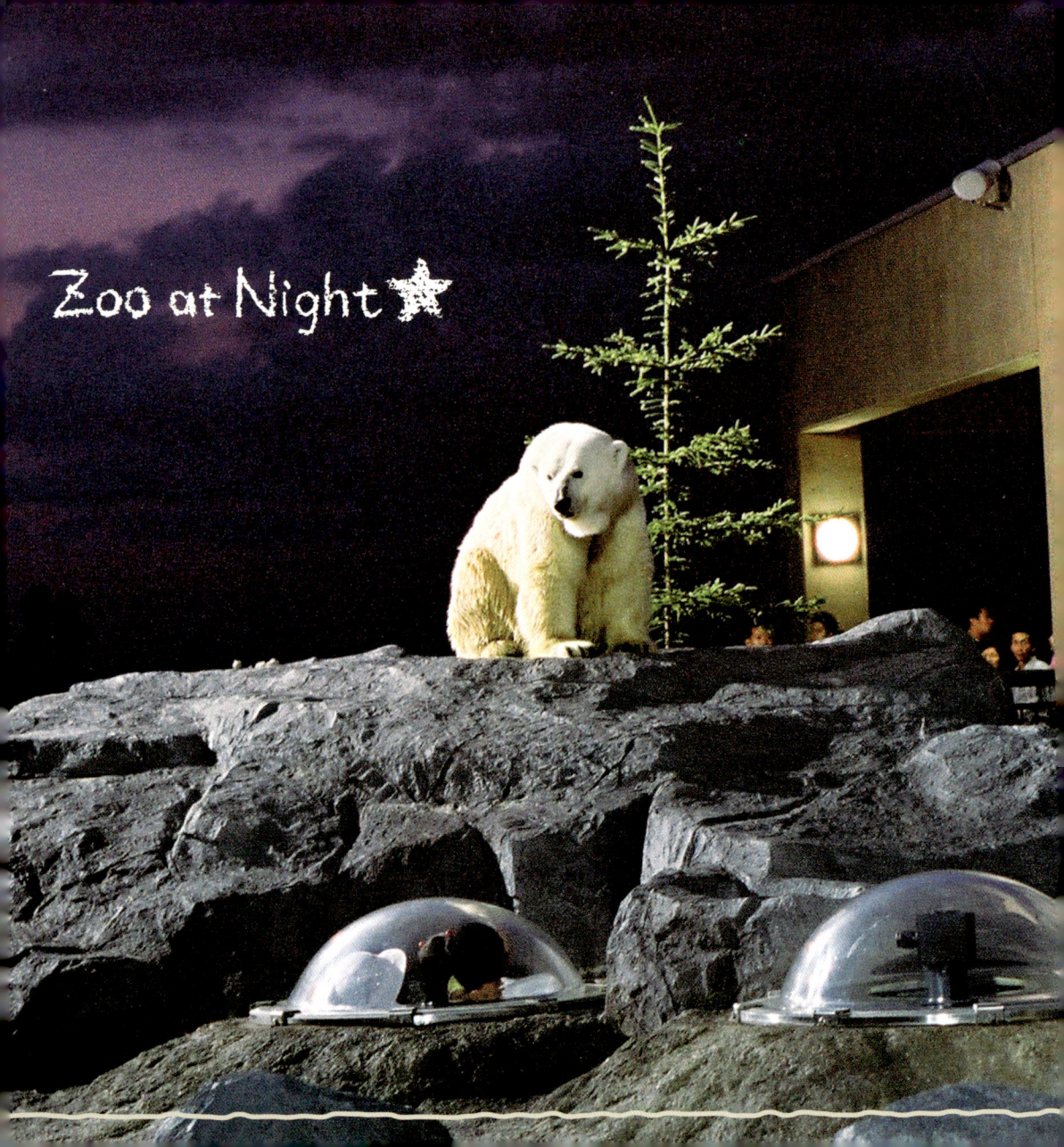

夜の動物園

昼間には見られない、夜の表情

毎年8月中旬の数日間は、開園時間を夜9時まで延長。夜が更けるほど、昼間の暑さから開放されたホッキョクグマや、これから新しい一日を始める夜行性のフクロウやヒョウたちは、活発に動き始めます。

闇に浮かぶ動物たちのシルエットも幻想的で、ちょっと不思議な空間を作り出しています。

Concept of our lively animal display!

行動展示の考え方

行動展示の考え方

従来の動物園は、鼻の長いゾウ、首の長いキリン、腕の長いテナガザルといったように、さまざまな動物の「姿かたち」を見せるだけのものでした。でも、テレビや映画などで見る、生き生きとした動物の暮らしぶりと比べると、動物園の動物たちは動きも少なく、まるで違う生き物のようでした。

しかし、実際に飼育されている動物たちは、皆さんが考える以上にすばらしい存在です。それぞれが、人間が足元にも及ばないものすごい能力を持っています。大変なスピードで水中を"飛ぶ"ペンギン、気の遠くなりそうな高所を手だけで移動するオランウータン、泳ぎの得意なホッキョクグマ…。その能力や習性を発揮させてやれば、きっと動物は気分がいいでしょうし、見る人もびっくりするに違いありません。そして、その感動から、動物や自然環境の問題に少しだけ思いをはせてもらえたら。それが旭山動物園の考える行動展示なのです。

Concept of our lively animal display

Concept of our lively animal display

90 | 91

Concept of our lively animal display

Concept of our lively animal display

Map in Asahiyama Zoo
園内マップ

飼育点数（平成17年10月31日現在）
144種725点
（ほ乳類45種、鳥類88種、は虫類11種）

新東門

この春新しく完成する東門には、1階に動物園事務所や改札口が設けられ、2階にはレストランや物販店が入ります。カジュアルなカフェテリア風レストランにはテラス席もあり、旭山の豊かな自然を感じながら食事ができます。

観光情報センター

センターにはガイドが常駐して、全国各地から訪れる入園者のために、旭川市内の交通情報や宿泊情報などを提供します。市内だけでなく、周辺地域のパンフレットも並べるなど、観光を楽しむためのさまざまな情報がここでゲットできます。

- くもざる・かぴばら館
- 新東門
- レストラン・売店（5月完成予定）
- 総合動物舎
  - カバ
  - キリン
  - サイ
  - ゾウ
  - ダチョウ
  - エミュー
- 東門
- おらんうーたん館
- サル舎
- ラクダ舎
- 動物資料展示館
- エゾシカ舎
- こども牧場
- チンパンジーの森 平成18年度夏 OPEN!!
- キジ舎
- ワシ・タカ舎
- 北海道産動物
- さる山
- は虫類舎
- 小動物舎
- ワピチ
- トナカイ
- ほっきょくぐま館
- トイレ
- 遊園地
- タンチョウ舎
- あざらし館
- もうじゅう館
- ぺんぎん館
- 西門
- 観光情報センター サポートセンター
- ととりの村
- 正門
- 旭川駅方面行バス停

Zoo Map / Access
94 | 95

Access

078-8205 北海道旭川市東旭川町倉沼　tel.0166-36-1104　fax.0166-36-1406

- 旭川空港から車で約30分
- JR旭川駅から車で約30分
- 道央自動車道旭川北I.C.から車で約15分
- JR旭川駅（アサヒビル）前から旭川電気軌道バス
  - 旭川動物園行き‥‥約40分
  - 旭山動物園下車‥‥徒歩1分

動物園ホームページにより詳しい情報があります。　http://www5.city.asahikawa.hokkaido.jp/asahiyamazoo/

おうちで旭山動物園
2006年4月25日発行
企画／中村 義隆
写真／今津 秀邦

編集／デザインピークス
アートディレクター／矢筈野 義之
デザイン・レイアウト・イラスト制作／久留嶋 美子
コピー／中村 眞人・矢崎真弓

監修／旭川市旭山動物園
広報／木村 安江
広報デザイン／福田 哲也
発行者／後藤 洋
発行所／株式会社 エムジー・コーポレーション
　　　　札幌市豊平区平岸5条14丁目MG第2ビル
　　　　TEL011-832-6355　FAX011-815-1444
印刷所／株式会社 DNP北海道

※許可なく転載・複製することを禁ず

おしまい。